Bitsy

por Su

ilustrado por Jackie Urbanovic

—Sígueme, Bitsy —dijo Mamá Castor—. Hay mucho trabajo por hacer.

—Estoy listo —contestó Bitsy—. Ella siempre estaba feliz de ayudar a su mamá.

Juntos atravesaron el estanque.

Bitsy vio una pila de lodo y ramas al borde del estanque.

—Esto es un dique —dijo Mamá—. Ayuda a mantener el agua en el estanque.

—¿De dónde salió? —preguntó Bitsy.

—Nuestra familia lo construyó —dijo Mamá—. Pero hay que repararlo.

Entonces ella se sumergió en el agua para buscar lodo.

Mamá regresó con un poco de lodo en sus pequeñas patas delanteras. Puso el lodo en el dique.

—Aprendí algo nuevo que hacen nuestras patas —pensó Bitsy—. Nuestras pequeñas patas fueron hechas para cargar lodo.

Tarde en la noche, Bitsy observó a Papá Castor trabajar.

Él usaba sus grandes dientes delanteros para cortar un árbol. Mordió alrededor del árbol hasta que éste cayó.

Después mordió una rama y la llevó hasta el estanque. Papá puso la rama en el dique.

—Aprendí algo nuevo que hacen nuestros dientes —pensó Bitsy—. Nuestros dientes fueron hechos para cortar árboles.

Un ruido que venía de los árboles hizo saltar a Bitsy y a Papá.

Enseguida, Papá levantó su cola plana y grande. La golpeó contra el agua y produjo un fuerte ruido.

La familia sabía que significaba peligro. Entonces fueron a las profundidades del agua, donde era seguro.

Papá llevó a Bitsy sobre su lomo, moviendo la cola de un lado a otro para nadar rápido.

—Aprendí algo nuevo que hacen nuestras colas —pensó Bitsy—. Nuestras colas fueron hechas para hacer ruidos fuertes y para nadar rápido.

Amaneció.

Bitsy y su familia estaban listos para dormir. Entonces se fueron a su casa.

15

Bitsy pensó en todas las cosas para las que su cuerpo fue hecho. Estaba muy orgulloso de ser un castor.